国家出版基金项目
NATIONAL PUBLICATION FOUNDATION

中国地震局地震科普图书精品创作工程

院 士 谈 减 轻 自 然 灾 害

海啸灾害
TSUNAMI DISASTER

陈 颙 著

地 震 出 版 社

图书在版编目（CIP）数据

海啸灾害 / 陈颙著 . -- 北京：地震出版社，2019.5

（院士谈减轻自然灾害）

ISBN 978-7-5028-5018-0

Ⅰ. ①海⋯　Ⅱ. ①陈⋯　Ⅲ. ①海啸 — 普及读物　Ⅳ.
① P731.25-49

中国版本图书馆 CIP 数据核字（2018）第 298627 号

地震版　XM4222

海啸灾害

陈　颙　著

责任编辑：董　青

责任校对：刘　丽

出版发行：**地震出版社**
　　　　　北京市海淀区民族大学南路 9 号　　　　邮编：100081
　　　　　发行部：68423031　68467993　　　传真：88421706
　　　　　门市部：68467991　　　　　　　　传真：68467991
　　　　　总编室：68462709　68423029　　　传真：68455221
　　　　　http://seismologicalpress.com
经销：全国各地新华书店
印刷：北京鑫丰华彩印有限公司

版（印）次：2019 年 5 月第一版　　2019 年 5 月第一次印刷
开本：787×1092　1/16
字数：80 千字
印张：3.5
书号：ISBN 978-7-5028-5018-0/P(5733)
定价：58.00 元

C目录
ontents

2011年3月11日东日本9.1级地震引发大海啸，袭击了南北长约500km、东西宽约200km的广大海岸区域，造成至少约16 000人死亡、2 600人失踪，创下日本海啸波及范围最广的纪录。加上其引发的一系列灾害及核泄漏事故，导致大规模的地方机能瘫痪和经济活动停止，东北地方部分城市更遭受毁灭性破坏。这是日本在第二次世界大战后遭受的最大的自然灾害事件。

2018年9月28日，印度尼西亚中苏拉威西省发生7.5级地震并引发海啸，造成的失踪人数多达5 000人。新闻中的海啸灾害引起了人们的广泛关注。

本书介绍的是：什么是海啸？它是怎么形成的？为什么海啸具有这么大的破坏力？如何减轻海啸灾害？本书还介绍海啸对中国沿海造成的潜在危险。

海啸的物理

什么是海啸

海啸是由海底地震、海底火山喷发或海底泥石流、滑坡等海底地形突然变化所产生的具有超大波长和周期的大洋行波。当其接近近岸浅水区时，波速变小，振幅陡涨，有时可达20～30m以上，骤然形成"水墙"，瞬时侵入沿海陆地，造成危害。海啸的英文词"Tsunami"来自日文(tsu-表示港湾，nami-表示波浪)，是港湾中的"波"的意思。

大部分的海啸都产生于深海地震。深海发生地震时，海底发生激烈的上下方向的位移，某些部位出现猛然的上升或者下沉，产生了其上方的海水巨大的波动，于是原生的海啸就产生了。海啸与一般的海浪不一样，海浪一般在海面附近起伏，涉及的深度不大，而深海地震引起的海啸则是从深海海底到海面的整个水体的波动，能量惊人。地震几分钟后，原生的海啸分裂成为两个波，一个向深海传播，一个向附近的海岸传播。向海岸传播的海啸，受到大陆架地形等影响，与海底发生相互作用，速度减慢，波长变小，振幅变得很大（可达几十米），在岸边造成很大的破坏。

海啸包含的能量惊人。要认识海啸的形成和海啸的特点，必须从海水中的波动谈起。

图1　2004年印度尼西亚大地震引发了海啸，离海啸产生地点3 000km外的印度海滨城市金奈遭遇了地震海啸。由此可见此次地震海啸破坏区域极其广阔，破坏程度十分严重。（来源：STR，法新社，2004）

图2　2004年印度尼西亚地震引发的印度洋海啸造成3 000km外印度泰米尔纳德邦纳加帕蒂纳姆地区的港口码头遭受破坏：一艘被海啸的大浪冲上岸的渔船静静地卧在码头上。海啸造成该地区5 000多人死亡，90%的渔船被毁。（来源：安治平，新华社）

海水中的波动

海水表面的振荡和起伏，叫做海浪。实际上，所有的水体的表面都有波浪。

我们称波浪中最高的地方为波峰，最低的地方叫做波谷。相邻的波峰（或波谷）之间的距离叫做波长（λ），波峰与波谷的距离叫做波高。

站在岸上看海浪一个接着一个地涌向岸边，如果某一个固定点，设海浪一个起伏的时间为T的话，则海浪的传播速度V可以由T和波长λ算出：

$$V = \lambda/T$$

夏天在海边，一边看海，一边就可以计算出海浪的传播速度。如两个相邻的浪之间的距离为200m（$\lambda=200$m），两个海浪冲上岸边的间隔时间是10s（$T=10$s），则岸边海浪的传播速度V是

$$V=200/10 =20\text{m/s}$$

海浪不断地向前传播，但海水的质点却并不向前传播。为了说明这一点，你可以做个实验。扔一块泡沫塑料在海水中（实验后一定把它拣出来放到垃圾堆中，注意保护环境），它会随着海水的运动而上下起伏。当一个大浪打过来时，海浪向前传播，而泡沫塑料并不随海浪传播，只是在原地上下运动。

多数海水中的波都是表面波（声波除外）：海水质点运动在海面最大，向下运动越来越小。运动随深度衰减，在很大程度上取决于波长，一般来说，在深度h的质点运动幅度$A（h）$与海面上的运动幅度A_0之间存在指数关系：

$$A(h)=A_0\text{e}^{-h/\lambda}$$

式中，λ是海水表面运动的波长。在深度为一个波长的地方，海水运动的振幅为海面上振幅的$1/e$（约为$1/3$），在深度为2倍波长的地方，振幅为海面上振幅的$1/e^2$（约为$1/7$），在深度为3倍波长的地方，振幅为海面上振幅的$1/e^3$（约为$1/20$）。由此看来，海水运动随深度衰减是非常快的，在海面下3个波长的深度，运动幅度只有海面上的$1/20$，人们常说海底永远是平静的，就是这个道理。值得注意的是，对于运动随深度衰减来说，波长是一把非常重要的尺子，对小波长（例如几米）的运动，海水的运动基本上局限在海面附近，深处的海水几乎不运动；而对大波长（例如几千米或几十千米）的运动，海面以下的海水几乎都发生了整体性的运动。由此可见，在确定海水运动时，波长是一个非常重要的参数。

图3说明了海浪运动和海水中质点运动的关系。

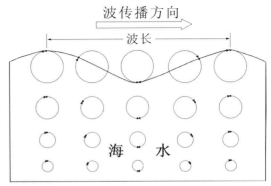

图3 海水中的波浪。注意两点：①海浪不断地向前传播，但海水的质点却并不向前传播。②海水质点运动在海面最大，向下运动越来越小。

海水中质点的运动在海面最大，越往深处运动越小，在超过一个波长的深度，质点运动的振幅仅为海面上振幅的1/e（约为1/3），几乎不运动。所以，尽管海面上惊涛骇浪，海底却是平静的。海面上海水质点在作圆周运动，越往深处，圆周运动的幅度越小。海面上波浪究竟涉及到多少海水质点，完全取决于海浪的波长。波长越长，参与运动的海水越多；波长很短，只有海水表面薄薄一层水参与了海浪的运动。

人们很早就想利用海浪运动来发电，从上面介绍的海浪运动可以知道，波长长的海浪，包含更多的海水运动，因此，运动的动能要比波长短的海水运动大得多。

不仅如此，在确定波传播的特性方面，波长也是一个重要的参数。如用H代表海水的深度，λ代表波长，当$\lambda \gg H$时，这种非常长的波长的重力波在流体力学有专门的名词，叫做浅水波。海啸就是海洋中的浅水波。

浅水波之所以被重视，是因为它有两个非常显著的特点。第一，通常波动都包含多种频率的振动，不同频率的波动传播速度不同，这叫做色散，因此，传播过程中波的形状会不断地改变，但是，浅水波没有色散，所有频率的波都跑得一样快，传播时，形状不会改变；第二，浅水波传播的速度只与海水深度有关，海水越深，传播得越快，如用V表示浅水波的传播速度，用g表示重力加速度，用H表示海水深度，则有：

$$V=\sqrt{gH}$$

当风吹过地上薄薄的一层水时，水面会起波浪，它有自己的波长和周期，薄薄的一层水的厚度与水波的波长相比，是很小的，它的传播速度与水厚度的平方根有关。海啸与此有些相同，只不过海啸的激励来自海底地震或火山造成的激烈运动，而且海水的深度很大。但是普通海洋上由于风引起的波和海啸波两者就很不相同了，风造成的水面波的周期很短，波长也很小，传播速度慢。但海啸波的周期可达1小时，波长可达700km，这样就决定了海啸有一些非常独特的特点。

海啸是一种海洋中的浅水波，怎样才能产生这种浅水波呢？

■ 海啸的产生条件

地震是如何引起海啸的？

地震时，地震断层的运动方式主要有三种：断层的一盘向上逆冲到另一盘之上，这叫做逆冲断层；断层的一盘向下以较小的角度下滑到另一盘之下，这叫做正断层；断层的两盘相对水平运动，这叫做走滑断层。三种运动方式中，逆冲断层的垂直方向运动最大，正断层其次，走滑断层几乎没有垂直运动。海啸主要是由海洋中发生逆冲断层的地震引起的。当逆冲断层运动时，海底突然发生很大的垂直运动，造成整个海水急剧抬升，并向外传播，于是产生海啸（图4）。

印度尼西亚苏门答腊近海是印度—澳洲板块和亚洲板块碰撞的地方，在5 000km长的弧形地带，两大板块发生碰撞，平均每年缩短大约5～6cm。地震时，长期积累的弹性能量瞬间释放了

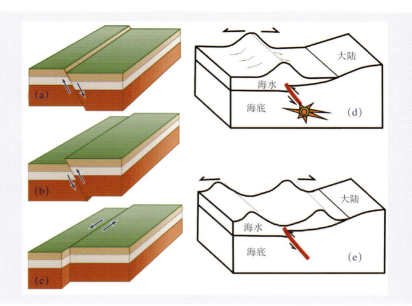

图4 地震时，地震断层的运动方式主要有三种：断层的一盘向下以较小的角度下滑到另一盘之下，这叫做正断层(a)；断层的一盘向上逆冲到另一盘之上，这叫做逆冲断层(b)；断层的两盘相对水平运动，这叫做走滑断层(c)。三种运动方式中，逆冲断层的垂直方向运动最大，正断层其次，走滑断层几乎没有垂直运动。海啸主要是由海洋中发生逆冲断层的地震引起的。当逆冲断层运动时，海底突然发生很大的垂直运动，造成整个海水急剧抬升(d)，并向外传播，于是产生海啸(e)。

出来，其中一个板块急剧地逆冲到另一个板块之上，上千千米长、几百千米宽、几千米深的海水瞬间被抬高了几米，然后以波动的方式向外传播。这就是印度洋海啸产生的过程。

从上面介绍的知识可以知道，要产生非常长波长的海啸波，必须有一个力源作用在海底，这个力源的尺度要和海啸波的波长相当，在它的整体作用下，才有可能产生海啸。因此，海啸的产生需要满足三个条件：深海，大地震，开阔逐渐变浅的海岸条件。下面分别加以说明。

深海：地震释放的能量要变为巨大水体的波动能量，地震必须发生在深海，只有在深海海底上面才有巨大的水体。发生在浅海的地震产生不了海啸。

大地震：海啸的浪高是海啸最重要的特征。我们经常用在海岸上观测到的海啸浪高的对数作为海啸大小的度量，叫做海啸的等级（magnitude）。如果用H（单位为米）代表海啸的浪高，则海啸的等级m为

$$m = \log_2 H$$

各种不同震级的地震产生的海啸高度见表1：

表1 地震震级、海啸等级和海啸浪高的关系

地震震级	6	6.5	7	7.5	8	8.5	8.75
产生海啸的等级	-2	-1	0	1	2	4	5
海啸的最大可能高度/m	<0.3	0.5～0.7	1.0～1.5	2～3	4～6	16～24	>24

这是从全球近百年资料中得到的经验关系。目前已知的海啸最高浪高30m以上，是1960年智利大地震引起的，它对应5级海啸，这是海啸的最高等级。1958年7月，美国阿拉斯加州发生8.3

级地震，在Lituya湾，因地震引发山崩，约4 000万m³的土石瞬间落入Lituya湾，由于海湾特定的地形条件，产生了巨浪，把船送上450英尺高的山顶，成为海啸史上的奇观。从表1可以看出，只有7级以上的大地震才能产生海啸灾害，小地震产生的海啸形不成灾害。太平洋海啸预警中心发布海啸警报的必要条件是：海底地震的震源深度<60km，同时地震的震级>7.8级，这从另一个角度说明了海啸灾害都是深海大地震造成的。值得指出的是：海洋中经常发生大地震，但并不是所有的深海大地震都产生海啸，只有那些海底发生激烈的上下方向的位移的地震才产生海啸。

开阔逐渐变浅的海岸条件： 尽管海啸是由海底的地震和火山喷发引起的，但海啸的大小并不完全由地震和火山的大小决定。海啸的大小是由多个因素决定的，例如：产生海啸的地震和火山的大小、传播的距离、海岸线的形状和岸边的海底地形，等等。海啸要在陆地海岸带造成灾害，该海岸必须开阔，具备逐渐变浅的条件。

海啸的产生是一个比较复杂的问题，具备了上面3个条件，就具备了产生海啸的可能性。事实上，只有一部分海底地震（约占海底地震总数的1/4～1/5）能产生海啸，其原因还不十分清楚，多数人认为，只有那些伴随有海底强烈垂直运动的地震才能产生海啸。地震通常发生在海底以下10～30km的深处，地震时有些断层的运动可能没有错断海底，这种地震往往不会产生海啸。

特别值得指出的是，无论是地震、火山和大型海底滑坡，海底底部突然上下运动的区域的尺度都必须足够大，一定要大于当地的海水深度，才能产生浅水波，因为这个面积是产生水波波长的决定因素。这正是大型地震、大型火山喷发、大型滑坡才能产生海啸的原因。

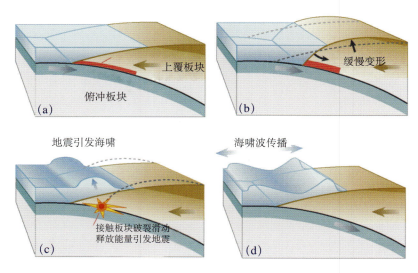

图5 海啸的产生过程：(a) 俯冲板块向上覆板块下方俯冲运动；(b) 两个板块紧密接触，俯冲造成上覆板块缓慢变形，不断积蓄弹性能量；(c) 能量积蓄到达极限，紧密接触的两个板块突然滑动，上覆板块"弹"起了巨大的水柱；(d) 水柱向两侧传播，形成海啸，原生的海啸分裂成为两个波，一个向深海传播，一个向附近的海岸传播。向海岸传播的海啸，受到岸边的海底地形等影响，在岸边与海底发生相互作用，速度减慢，波长变小，振幅变得很大（可达几十米），在岸边造成很大的破坏。

利用简单的力学方法推导海啸波（浅水波）的传播速度

海啸波是一种浅水波，它的波长远远大于海水深度H，与波长短的波不同，它几乎是整个海水水柱的整体运动。

若海浪高为h，则推动水体水平运动的压力差为ρgh（ρ是海水密度，g是重力加速度），乘上海水深度H，得到了水平作用力$F=\rho ghH$。假定只研究一个波长λ之内的水体，被推动水体的质量为$m=\rho\lambda H$，根据牛顿定律$F=ma$，可以算出：$a=gh/\lambda=\mathrm{d}v/\mathrm{d}t$。

于是得到海啸波的速度$v=ght/\lambda$，取一个周期$t=T$，则

$$v=ghT/\lambda$$

以上的v是海水运动的水平速度，如果用V表示海水垂直方向的运动速度，根据海水体积不变的连续性原理，$v\lambda=VH$。当一个周期（波长）过去，水面下降h，即$V=h/T$，得到$v=\lambda h/HT$。由前面的分析，得：

$$v=ghT/\lambda=\lambda h/HT$$

则

$$T=\frac{\lambda}{\sqrt{gH}}$$

即

$$v=\sqrt{gH}$$

真正的海啸波速度推导，应用流体力学的公式，但上述简单的推导也能得到相当准确的结果。

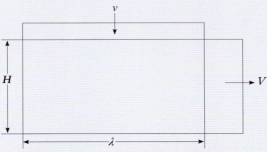

思
考
题？

在你家中的浴盆底部放一木板，突然向上提升木板，会产生浴盆中水的波动。你能在浴盆中制造"海啸"吗？（提示：只有当木板面积足够大时，你在浴盆中才能制造"人造海啸"）。

■ 海啸的类型

海啸大致可分为两类。

一类是近海海啸，也叫做本地海啸，海底地震发生在离海岸几十千米或一二百千米以内，海啸波到达沿岸的时间很短，只有几分钟或几十分钟，很难防御，灾害极大。

另一类是远洋海啸，是从远洋甚至横越大洋传播过来的海啸波。远洋海啸波是一种长波，波长可达几百千米，周期为几个小时，这种长波在传播过程中能量衰减很少，因而能传播几千千米以外仍能造成很大的灾害。

海啸波在大洋中传播时，波高不到1m，不会造成灾害，但进入浅海后，因海水深度急剧变浅，波速减慢，波高急剧增加，最大波高可达几十米，这种几层甚至十几层楼高的"水墙"冲向海岸，仿佛用剃头刀剃头一样，扫平岸边的所有房屋、建筑、树木、道路、堤防和人畜等，破坏力极大，只留下光秃秃的地面。

近岸处波浪高度急剧增大

在广阔的大洋上，波浪较平稳

海平面

洋底

地震

海啸形成的波浪开始很小，但当它靠近岸边时就变成滔天巨浪

地震使海底震动，造成洋底板块运动，洋底微微抬升

图6　在深海，海啸的波长很长，速度也快，但波高不足1m，不会造成破坏。当海啸波传播到近海浅水水域时，则波长变短，速度减慢。由于近海的海水深度急剧变浅，而先到达的海水波速已减慢，后面的海水还在持续向前涌，造成波高急剧增加，最大可抬升到几十米。可想而知，前进一旦受到阻挡，其全部的前进能量就将变成巨大的破坏力量，就像无数汽车发生了不断的追尾事故。几十米高的"水墙"高速冲向海岸，岸边的一切眨眼间便被吞噬一空。

由于海啸波到达沿岸的时间较长，有几小时或十几小时，为可以利用的预警时间。早期海啸预警系统是减轻远洋海啸的有效措施。

在下面介绍海啸灾害的例子中，1755年里斯本地震海啸是本地海啸，而1960年智利地震在夏威夷造成的海啸则属于远洋海啸。

图7　班达亚齐（Banda Aceh）是印度尼西亚齐省的首府，是一个海滨城市，距12月26日大地震震中约250km，对于这个地方而言，属于本地海啸。10m高的海浪席卷了灾区村庄和海滨度假区，其海啸灾害十分严重。美国 DigitalGlobe 网站发布了一系列卫星遥感照片，上面是快鸟卫星拍摄的班达亚齐灾害照片和地震海啸前后对比遥感图像。这一组遥感图像清楚地表明，印度尼西亚遭受2004年12月26日特大地震和海啸灾害最重的地区之一的班达亚齐的破坏情况，可见这次地震破坏之大（海岸已经缩小，部分海岸消失，海边建筑完全被地震和水灾所摧毁，露出了泥土和岩石）。（来源：Digital Global，Before and after 26 December 2004）

要指出的是，上面的海啸分类系统是相对的。2004年12月26日，印度尼西亚苏门答腊岛附近海域发生9级强烈地震，引发了巨大的海啸。地震的震中就是海啸波的发源地。海啸波从发源地到印度尼西亚的亚齐（受灾最严重的地区）只需要几十分钟，对于印度尼西亚来说，这是本地海啸；但是对于其他地区和国家，如印度、泰国、斯里兰卡、马来西亚、缅甸、马尔代夫等来说，海啸波传播用了好几个小时，是远洋海啸。

海啸的特点

海啸波的波长非常长

　　海啸是水中一种特殊的波，它最大的特点就是超大波长。我们往水里扔一个石子，就会产生一个波动，波长也就几厘米到几米范围。涨潮了或者退潮了的那些潮汐是波，台风来的时候，两个浪之间的距离就是波长，但这些波长都是有限的。

　　美国宇航局（NASA）1971年发射了海洋卫星Jason-1（贾森1号卫星），它的主要使命就是测量海面高程的变化，探测范围大概是卫星正下方约5km直径的区域，精度为厘米级。2004年12月26日苏门答腊发生9级大地震并引发灾难性的海啸，在地震后2小时，这颗卫星恰好沿着129轨道由南向北穿过印度洋，这时海啸波也正好在印度洋上传播。测高卫星在天上飞了二十几年，就没有逮到几个海啸，这次就凑巧了，于是这颗卫星运气不错，刚好测量到了海啸波传播时的海面变化（GOWER，2005）。从卫星的测量数据可以看出：海啸的波长为500km，海啸波造成的海面高程最大变化约为0.5m（GOWER，2005）。500km的波长，高度差却不到2m，海啸就像一面大镜子，往外传播过程中是风平浪静的。

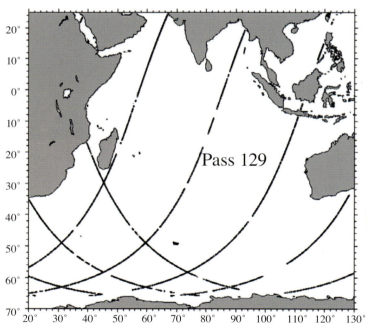

图8　Jason-1号测高卫星在地震后2小时沿129轨道由南向北穿过印度洋，接近印度的孟加拉湾（Bay of Bengal），这时海啸波正好在印度洋上传播。测高卫星可以测得卫星正下方约5km直径区域的海面的高度变化，精度为厘米级。十分难得的是，在这样凑巧的时间和这样凑巧的地点，在海啸波上方运行的Jason-1号测高卫星测量到了海啸波传播时的海面变化。（来源：GOWER，2005）

　　思考题❓

　　假如你是一名船长，你正带领着船员在海上工作，这时有警告说海啸将要袭击海岸，请问你该如何审时度势，将海啸带来的风险减少到最低点？（提示：远离海岸）

图9 Jason-1号测高卫星在地震后2小时沿129轨道由南向北穿过印度洋，这时海啸波正好在印度洋上传播。测高卫星发现海啸波造成的海面高程最大变化约为0.5m，海啸波的波长约为500km，在到达陆地之前，尽管海啸波传播的速度像飞机一样快，但海洋中的海面像一面大镜子，往外传播过程中是风平浪静的。（来源：GOWER（2005）：NOAA）

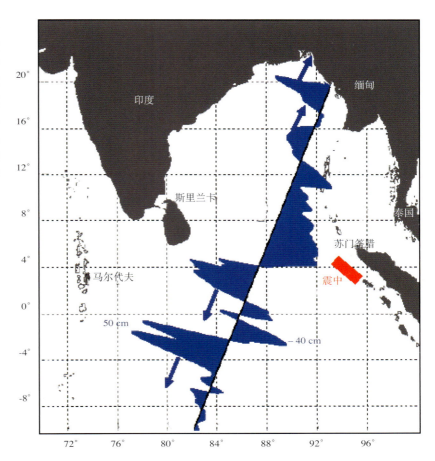

能量大

　　地震使海底发生激烈的上下方向的位移，某些部位出现猛然的上升或者下沉，使其上方的巨大海水水体产生波动，原生的海啸于是就产生了。我们可以用该水体势能的变化来估计海啸的能量。作为对印度尼西亚苏门答腊近海地震海啸能量的保守估计，假定该次地震使震中区100km长、10km宽、2km厚的水体抬高了5m，其势能的变化为

$$E= mgh =10^{24}尔格^*$$

我们知道，地震释放的地震波的能量E与地震的震级M之间有关系式：

$$\lg E = 11.8+1.5M（E，尔格）$$

印度尼西亚苏门答腊近海地震的震级$M=8.7$，所以这次地震释放的地震波能量为：

$$E= 10^{25}尔格$$

---

*1尔格 $=10^{-7}$ 焦耳。

对比地震波的能量，海啸的能量相当于地震波能量的十分之一左右。海啸的能量是巨大的，为了说明这一点，我们可以举一个例子。一座100万千瓦的发电厂，一年发出的电能为

$$E = 3.15 \times 10^{23} \text{尔格}$$

所以，印度尼西亚苏门答腊近海地震产生的海啸能量大约相当于3座100万千瓦的发电厂一年发电的能量。

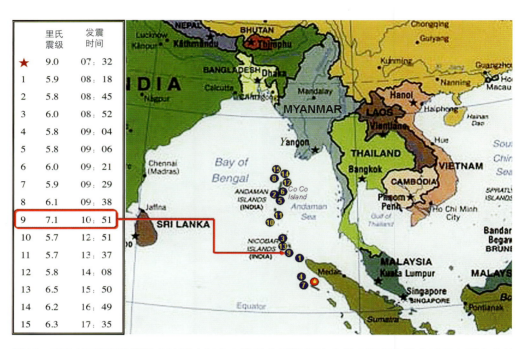

里氏震级	发震时间
★ 9.0	07：32
1 5.9	08：18
2 5.8	08：45
3 6.0	08：52
4 5.8	09：04
5 5.8	09：06
6 6.0	09：21
7 5.9	09：29
8 6.1	09：38
9 7.1	10：51
10 5.7	12：51
11 5.7	13：37
12 5.8	14：08
13 6.5	15：50
14 6.2	16：49
15 6.3	17：35

图10 2004年印度尼西亚大地震（红点）及其主要的15次余震（震级和发生时间由图左表给出）。余震区南北方向延伸1 000多千米，东西方向宽100km。人们经常用余震区的大小来估计主震破裂变形区的长度和宽度。在计算海啸能量时，假定该次地震使震中区100km长，10km宽，2km厚的水体，抬高了5m，这是非常保守的估计。印度尼西亚苏门答腊近海地震产生的海啸能量大约相当于3座100万千瓦的发电厂一年发电的能量。

■ 传播速度快

前文已经提到海啸波的速度 $V = \sqrt{gH}$，V 是海啸波的速度，g 是重力加速度（9.8m/s²），h 是海水的深度。太平洋海水平均深5 500m，取 h=5 000m代入上式，得到海啸波速度为232m/s，即为每小时835km，这是跨洋喷气式飞机的速度。如果考虑近海岸的情况，取 h=100m，代入上式，海啸波的速度为31.3m/s，即为每小时112.7km，这是高速公路汽车的速度。

为了加深对海啸特点的认识，让我们从另一个角度讨论：我们不但要知道什么是海啸，我们也要知道什么不是海啸。

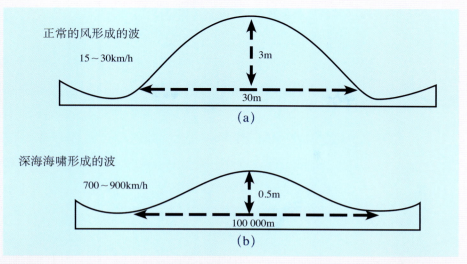

图11 (a) 风吹水面造成的水面波：波长30m，传播速度15～30km/h（自行车速度）；(b) 深海中的海啸波：波长几百千米，传播速度700～900km/h（喷气式飞机速度）

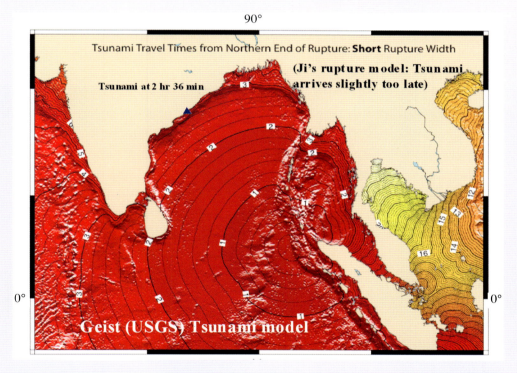

图12 印度尼西亚地震产生的海啸实际传播的时间。图中白色方块中的数字表示海啸波传播到该地所需的时间（单位：小时）。请注意，印度尼西亚地震产生的海啸波传到斯里兰卡和印度只需2～3小时，这与喷气式飞机的速度是一样快的；又请注意，尽管印度尼西亚与越南不远，但由于陆地的阻挡，海啸波要绕地球一圈后才能到达越南沿海，需要12～16个小时。（来源：USGS）

自然灾害中经常要谈到风暴潮，风暴潮也是一种严重的自然灾害。在北美、加勒比地区和东太平洋地区，它们被叫做飓风，在西太平洋地区叫做台风，在印度叫做旋风。产生于赤道附近的热带风暴潮具有极大的能量。台风发源于热带海面，那里温度高，大量的海水被蒸发到了空中，形成一个低气压中心。随着气压的变化和地球自身的运动，流入的空气也旋转起来，形成一个逆时针旋转的空气漩涡，这就是热带气旋——台风。只要气温不下降，这个热带气旋在台风过境时常常带来狂风暴雨天气，引起海面巨浪，海岸受风浪的袭击。对比海面波浪、风暴潮（水面波）与海啸，就会体会到海啸传播速度快的特点。海啸传播每小时可达700～900km，这正是越洋波音747飞机的速度，而水面波传播速度较慢，风暴潮要快一点，但最快的台风速度也只有300km/h左右，比起海啸还要慢得多。海啸的周期可达1小时，其波长极长，可达几百千米，在其几百千米的一个波长内，海面波浪很小，风平浪静，对航行的船只影响很小。一旦海啸接近海岸，海岸附近海水深度较浅，由于海啸波的传播速度与海水深度的平方根有关，其传播速度降低到每小时几十千米，前进受到阻挡，就会形成十几米和几十米的浪高，冲向陆地。这种波长极长、速度极快的海啸波，一旦从深海到达了岸边，前进受到了阻挡，其全部的巨大能量，将变为巨大的破坏力量，摧毁一切可以摧毁的东西，造成巨大的灾难。

图13　台风造成的风暴潮在海面上运动时，伴随着狂风、暴雨和巨浪，冲到陆地后，仍然保持着狂风和暴雨。但台风造成的是海水表面的运动，海啸是海水整体的运动；台风经过的地方是狂风、暴雨和巨浪，海啸在海洋中是风平浪静，但在海岸处的破坏是毁灭性的；海啸波传播速度要比风暴潮快得多。（图片来源：百度百科）

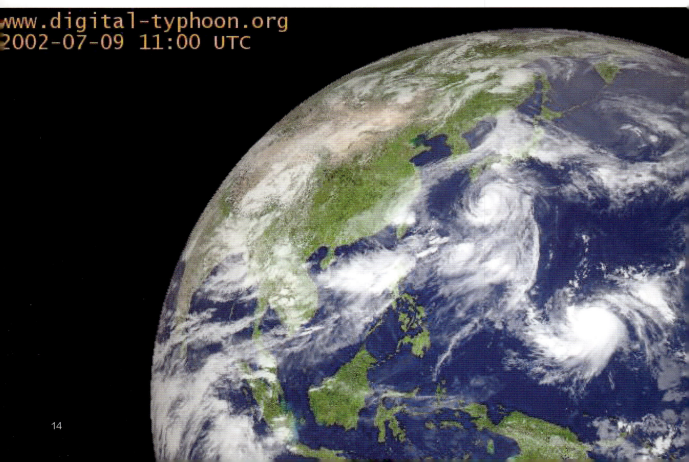

www.digital-typhoon.org
2002-07-09　11:00　UTC

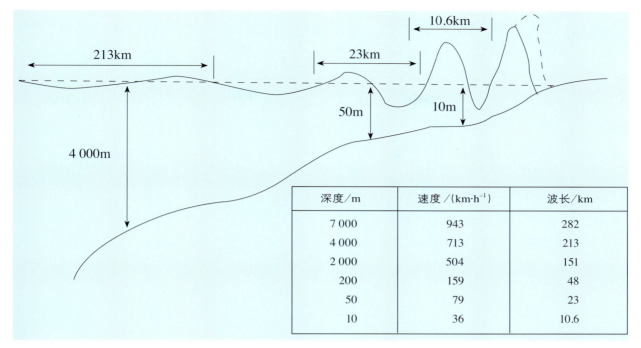

深度/m	速度/(km·h^{-1})	波长/km
7 000	943	282
4 000	713	213
2 000	504	151
200	159	48
50	79	23
10	36	10.6

图14　传播速度与海水深度明显有关，是海啸波最重要的特点。根据上面介绍的波的速度与海水深度平方根成正比的计算公式，可以算出：4 000m水深，海啸波速度为每小时712km，波长213km；10m水深，速度每小时35km，波长10.6km。

图15　美国国家气象中心的海啸预报标志，形象地表示出了海啸波的特点：在深海，海啸波波长很长，但波高很低；接近岸边时，波长越来越短，而波浪的波高越来越高。

海啸的灾害

中国人民早就知道海啸灾害，他们用成语"山崩海啸"来形容最强烈的自然现象和最严重的自然灾害。同样，在世界各国的历史上，也有许多关于海啸灾害的记录。

■ 历史上的海啸灾害

地球上近三分之二的面积是海洋，海洋中，最大的是太平洋，它几乎占地球面积的三分之一。太平洋的周围是地球上构造运动最活跃的地带，其孕育着大量的地震、火山，因此，太平洋是最容易发生海啸的地方，长期以来，人们对海啸的研究、对海啸灾害的预警系统都集中在太平洋。

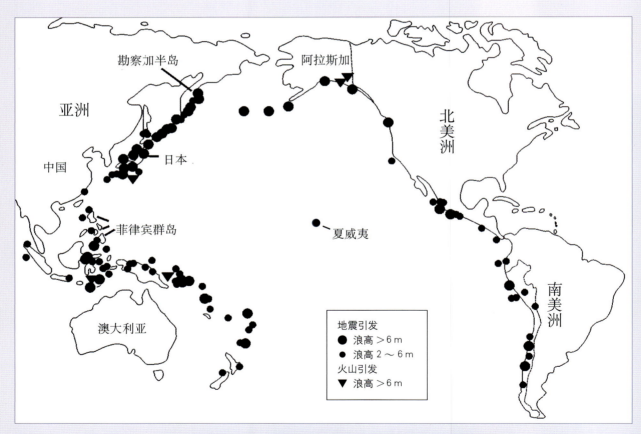

图16 1900—2013年期间，浪高超过2.5m的海啸在太平洋的发源地

在人类的灾害史上，海啸从来就是一种巨大的自然灾害。海啸携带着巨大的能量，以极大速度冲向陆地的几米甚至几十米的巨浪，它在滨海区域的表现形式是海面陡涨，骤然形成"水墙"，伴随着隆隆巨响，瞬时侵入滨海陆地，吞没良田和城镇村庄，然后海水又骤然退去，或先退后涨，有时反复多次，有极其巨大的破坏力。

表2　历史上破坏巨大的海啸

海啸源位置	日期	浪高/m	受害地区	死亡人数	备注
葡萄牙	1755年11月1日	50	欧洲西部、摩洛哥和西印度群岛	80 000	地震，葡萄牙帝国的没落
琉球群岛	1771年4月24日	85	琉球群岛	11 941	地震，石垣岛一半的人口罹难
巽他海峡	1883年8月26日	20	Krakatau，爪哇和苏门答腊	36 000	海底火山喷发
日本三陆	1896年	24	日本东北	27 122	近海地震
智利	1960年5月22日	25	智利、夏威夷和日本	1 260	地震
阿拉斯加	1964年3月28日	6	美国	5 000	加州死119人，损失1亿美元
苏门答腊西北外海	2004年12月26日	30	印度洋	300 000+	地震
智利	2010年2月27日	25	智利		地震
巴布亚新几内亚	1998年7月17日	12		3 000	海底大滑坡
日本宫城县外海	2011年3月11日	40.5	日本北海道、青森、岩手、宫城、福岛及茨城县	28 000+	
印度尼西亚苏拉维西	2018年9月28日	6	帕卢	5 000	地震7.5级

网站：National centers for environmental information，//ndgc.noaa.gov，新增了2018年资料。

1755年里斯本地震和海啸

1755年葡萄牙是个海洋大国，它的首都里斯本当时人口有25万人，是当时世界上最为繁华的城市之一。11月1日，许多居民正在教堂参加宗教仪式，人们注意到吊灯摇晃。强烈的地震以及随后而来的海啸袭击了里斯本。幸存者对里斯本地震的效应有以下描述：首先是城市强烈震颤，高高的房顶"像麦浪在微风中波动"，紧接着是较强的晃动，许多大建筑物的门面瀑布似地落到街道上，留下荒芜的碎石成为被坠落瓦砾击死者的坟墓。接着，海水几次急冲进城，淹死毫无准备的百姓，淹没了城市的低洼部分。随后教堂和私人住宅起火，许多起分散的火灾逐渐汇成一个特大火灾，肆虐3天，大部分建筑物被摧毁，大量的珍贵文物被全城大火烧毁。25万居民中死于地震和海啸的有8万人。

这次地震的影响范围很大，在英国、北欧和北非都感觉到了强烈的震动。最近关于里斯本1755年地震震级的估计是在8.4～8.7之间。它是由于非洲板块和欧亚板块的相互碰撞而产生的。

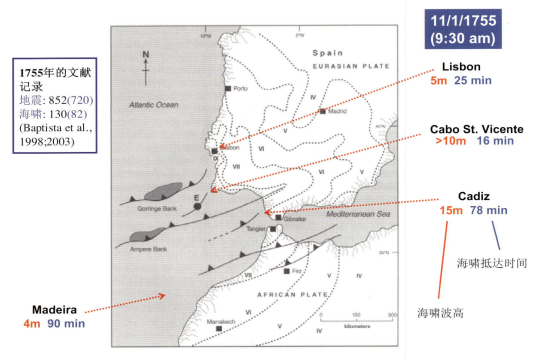

图17　1755年袭击里斯本的是本地海啸，图中用E标出的是发生在大西洋的地震震中位置。地震发生16分钟后，海啸波袭击了大西洋中的Cabo St. Vicente岛，海啸波高>10m；25分钟后，海啸波到达里斯本，海啸波高5m。

里斯本大学的研究小组对这次地震和海啸进行了深入的研究，他们收集了大量的有关历史文件记录，从中找出了与地震有关的文件720件，与海啸有关的82件。从分析海啸的记录发现：里斯本不是海啸第一个袭击的城市，在海啸袭击里斯本之前10分钟，它已经袭击过 Capo St. Vicente（图17）。地震发生在海里，地震产生的海啸从地震震中出发，首先袭击离它近的地方，然后不断向外袭击较远的地方。但是，海啸在各地的高度，却不是越近的地方越高，它主要取决与被袭击海岸城市附近的海底地形，而不取决于离震中的距离。

1755年地震海啸对里斯本这个富足的都市、基督教艺术和文明之地的破坏，触动了哲学史上的基本问题。许多有影响的作家提出这种灾难在自然界的位置问题。伏尔泰在其小说《公正》中写下了他观察里斯本地震后的评论感慨："如果世界上这个最好的城市尚且如此，那么其他城市又会变成什么样子呢？"

■ 1960年智利大地震和夏威夷海啸

　　智利是个多地震的国家。有趣的是，最早描述智利地震和海啸的人中，有一个是写《物种起源》的达尔文（Charles Darwin），人们都知道他在自然演化方面的贡献，却很少有人知道他在地震和海啸方面所做的工作。1835年达尔文乘Beagle军舰环球旅行时，正好途经智利，亲眼目睹了那年智利大地震产生的海啸。

达尔文的探险日记记录了智利大地震引发海啸的情形：紧接地震后的巨浪和海啸，以迅雷不及掩耳之势席卷了港口。从三四千米的海上可以看到一层层涌动的巨大如山的波浪，以一种缓和的速度慢慢逼近港口，到近处时则变得非常有力、快速，一下子就扫平了岸上的房屋和树木。巨浪的力量如此惊人，就连四吨重的大炮也被移走了十五英尺。
达尔文感慨：人类用无数时间和劳动所创造的成果，只在一分钟内就被毁灭了。

图18　达尔文在他的探险日记中记录了1835年智利大地震产生的海啸。（来源：Darwin C., 1913）

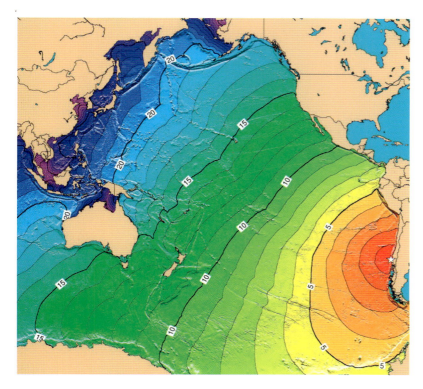

　　125年后，1960年在智利近海又一次发生大地震，它是人类有仪器之后记录到的地球上最大的地震，它的震级是9.5，这是迄今为止所有地震震级的最高值。这次智利近海地震产生了巨大的海啸，传遍了整个太平洋。

图19　1960年智利地震产生的海啸波传遍整个太平洋地区，图中的数字表示海啸波传播所需的时间（小时）。

智利地震产生的海啸15小时后传到了夏威夷。海啸第一次袭击夏威夷发生在5月13日半夜，随后的几次海啸波以30分钟左右的间隔，接连几次不断袭击，而且威力一次比一次大。第三次的海啸波最大，它在凌晨1时零4分登陆，摧毁了岸边的建筑和设施。岸边马路上原来树立一只巨大的时钟，海啸袭击摧毁了时钟的支架，时钟倒落在地上，时钟的指针永远地记下了海啸袭击的时刻：1时零4分。现在人们把这只倒落的时钟制成了一个纪念碑，以纪念那次1960年夏威夷海啸事件。

图 20　1960年智利地震产生的海啸15小时后传到了夏威夷，造成61人死亡。（来源：Pacific Tsunami Museum）

1960年夏威夷发生海啸时，第一次海啸波并不大，居住在海边的居民纷纷跑到高处，所以几乎没有人员伤亡。一看海水退了，许多人又回到原来的家中，没有想到的是，约30分钟后，还有更大的海啸波来袭，61人不幸遇难。如果知道海啸波不止一个，提高警惕，这样的悲剧就不会发生，这说明了普及海啸科学知识的重要性。与此形成鲜明对比的是，1960年智利地震产生的海啸波也袭击了日本。在第一次海啸波之后，日本的居民也跑到高处躲避海啸波，但是人们保持着高度的警惕，在没有得到通知之前，没有一个人回家，他们在高处足足等了4个小时。正是由于日本民众海啸知识的普及，大大减少了人员的伤亡。

The town clock of Waiakea, a Hilo suburb, stopped at 1:04 a.m. when the biggest wave of the 1960 Chilean tsunami struck Hawai'i. The clock, still showing that time, now stands as a monument to the 1960 tsunami (see inset).

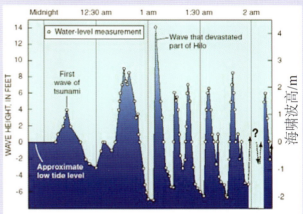

1960年5月23日海啸抵达夏威夷的时间

图21 1960年智利近海9.5级地震产生了巨大的海啸，袭击了夏威夷。岸边马路上原来树立的一只巨大时钟，因海啸袭击被摧毁了支架而倒落在地上，指针永远地停留在海啸第一次袭击的时刻：（1960年5月24日）凌晨1时零4分。现在这只倒落的时钟被制成了一个纪念碑，作为对1960年夏威夷海啸事件的铭记。海啸第一次袭击夏威夷发生在5月23日半夜，随后的几次海啸波每隔30分钟左右一次，不断袭击，而且威力逐次加剧。第三次的海啸波最大，它在凌晨1时零4分登陆，摧毁了岸边的建筑和设施。夏威夷的验潮站记录了海啸袭击夏威夷的全过程。（来源：USGS）

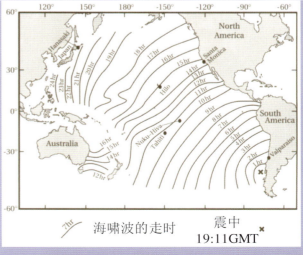

图22 1960年智利地震产生的海啸波也袭击了日本。由于日本民众海啸知识普及，他们在第一次海啸波之后（4:40am）即跑到高处躲避，在高处足足等了4个小时，直到得到通知，因而大大减少了人员伤亡。

［来源："Surviving a Tsunami – Lessons from Chile, Hawaii, and Japan" (Onagawa, Japan (5/24/1960))，USGS］

■ 2004年印度尼西亚苏门答腊地震海啸

　　2004年印度尼西亚苏门答腊附近海域深海大地震发生在印度—澳洲板块和亚洲板块的俯冲带上，两个板块几乎互相垂直于俯冲带运动，每年俯冲的水平速度分量为52～60mm/a。地貌学证据表明：俯冲的距离约为20km，说明俯冲作用已进行了200万年。这个俯冲带宽约100～400km，是众所周知的地震活动区，历史上发生过许多地震活动。

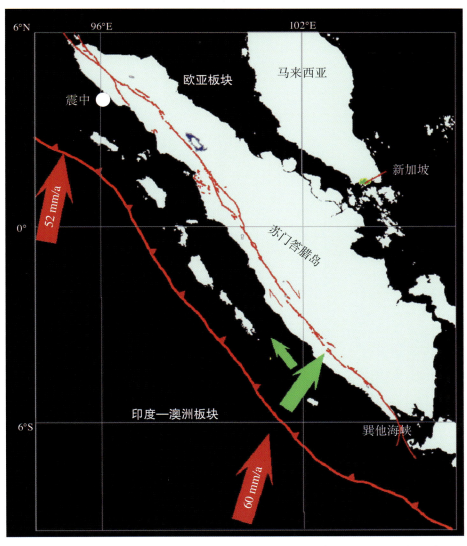

图23　印度尼西亚苏门答腊附近海域深海大地震发生在印度—澳洲板块和亚洲板块的俯冲带上，见红线所示；箭头表示俯冲带向苏门答腊岛倾斜；白圈代表这次地震的震中。这次深海大地震的参数是：2004年12月26日，北纬3.9度，东经95.9度，震源深度：28.6km，震中处海深：1 500m以上，震级：M_w 9.0，震源错动方式：断层面走向129°，倾角83°，滑动方向和水平面倾角87°（表明断层两盘几乎是垂直相互运动的）。

这次印度尼西亚苏门答腊附近海域的地震，发生在水深超过1 000m的深海，震级高达9级，是近50年来全世界发生的特大地震，也是印度洋地区历史上发生的震级最大的地震，而且符合断层面相互垂直错动等产生海啸的条件，因此产生了巨大的海啸。

图24　印度洋地震海啸过后，印度尼西亚班达亚齐尸横遍地，迷人的海滩成为了"露天停尸间"。（来源：Achmad Ibrahim，法新社，2004）

震中为无人居住的海洋，故地震本身造成的伤亡不大。但地震引发了海啸，造成了极为严重的伤亡。对于印度尼西亚来说，这次海啸属于近海海啸，或称本地海啸。班达亚齐是印度尼西亚亚齐省的首府，是一个海滨城市，距12月26日大地震震中约250km，其海啸灾害十分严重。地

2002年　　　　　　　　2005年　　　　　　　　高程<10m

图25　泰国普吉岛在受印度尼西亚地震海啸波及前后的卫星照片，红色区域是高程小于10m的地区。（来源：NASA/JPL）

震发生后约半小时，引发的海啸首先袭击了苏门答腊岛北部亚齐省的班达亚齐、美伦和司马威等海滨城市，在海边的人们纷纷被冲上岸来的巨浪卷入大海。数百人在海啸中丧生，其中包括很多儿童。当地的一名美联社记者看见巨浪扫荡过后，连树梢上都挂有尸体。灾难过后的迷人海滩已经成为"露天停尸间"，到处都可以看见尸体，其状惨不忍睹。

地震产生的海啸，袭击了几百、几千千米外的印度洋周围的不设防的海岸带，那里人口密集，故灾害严重。这次印度洋地震引发的海啸波及印度尼西亚、斯里兰卡、泰国、印度、马来西亚、孟加拉国、缅甸、马尔代夫等国，遇难者总数两周内已超过30万人。联合国人道主义事务协调厅称是联合国救灾史上第一次面对这么多受灾国家，救灾难度史无前例。印度尼西亚地震海啸灾难如此严重，是因为这次地震是印度洋地区百年不遇的特大天灾，而且，由于印度洋深海大地震不多，历史海啸灾害记载也不多，所以，人们对于海啸灾害的预防不足，也没有建立必要的海啸预警系统。这可能是这次海啸灾害之巨大的另一个原因。

图 26　安德鲁-吉帝拍摄的《临时停尸间》，被美国《时代》杂志评为2005年度最佳摄影作品。这张照片反映的是在南亚海啸中，医务工作者将泰国的一座寺庙用作临时停尸间，正在使用干冰来防止遇难者的遗体腐烂。

图27　2005年1月19日，近2万名泰国民众聚集在一起，用点燃灯笼的方式悼念海啸中的遇难者。（来源：Apichart Weerawong，美联社）

图28　2004年12月26日，泰国南部甲米附近的海滩上发生海啸。高达10m的巨浪不停地冲击岸边，几名外国游客向岸上奔逃。（来源：新华网）

图29　2004年12月26日，在斯里兰卡，海啸袭击过后的海边一片狼藉。（来源：Geist, Titov and Synolakis，2006）

图30　海啸造成的斯里兰卡火车出轨事故是世界上最严重的火车事故，死亡人数估计在1 700人左右，超过1981年发生在印度的火车出轨事故，那一次飓风将印度比哈尔邦境内的一列火车刮到河里，夺走了800人的生命。（来源：新华社/法新社）

图 31　2004年12月28日，印度泰米尔纳德邦古达罗尔，一位妇女为在海啸中丧生的亲人悲伤不已。[来源：Arko Datta（2004年荷赛奖获得者，印度），路透社]

图32　印度尼西亚大海啸肆虐之后的海滩 [第49届（2006年）世界新闻摄影比赛(WPP)—"荷赛奖"一等奖作品——意大利摄影师马西莫-马斯特罗里奥的《印度尼西亚大海啸肆虐之后的海滩》]

图33 2005年1月3—10日印度洋大海啸后的悲惨景象〔第49届（2006年）世界新闻摄影比赛(WPP)—"荷赛奖"三等奖作品——《美国新闻与世界报道》摄影师大卫-巴托的《海啸劫后》〕

印度尼西亚西临印度洋，东临太平洋，是一个海啸频繁的国家。除地震引发的海啸外，历史上也发生过火山爆发引发的海啸。喀拉喀托火山（印度尼西亚语：Krakatau）位于印度尼西亚巽他海峡，1883年8月27日大喷发，释放出250亿m³的物质，高达30m，3 500km外的澳大利亚与4 800km外的罗德里格斯岛都能听到喷发的剧烈声响。原有的喀拉喀托火山的三分之二在爆发中消失，喀拉喀托火山喷发所造成的海啸在2004年南亚海啸发生前是印度洋地区死伤最惨重的海啸。地震和海啸造成36 000人死亡。

图34 1883年印度尼西亚的喀拉喀托火山岛发生大型喷发，引起巨大的海啸，喀拉喀托火山的三分之二在爆发中消失（右图虚线代表了消失部分）；下图是今天喀拉喀托火山岛的航空照片。

2018年9月28日，印度尼西亚中苏拉威西省发生7.5级地震并引发海啸。印度尼西亚官员10月7日表示，中苏拉威西省强震和海啸造成的失踪人数已达5 000人。

海湾地形放大海啸威力

引起帕卢海啸的地震不是很大，只有7.5级，国际上通常发出海啸预警的地震震级在7.8级以上，而引起海啸的地震又是水平错动的（图36），理论上帕卢海啸引起的灾害应该不是很严重。但实际上，这次海啸却造成了严重的灾害。

The earthquake caused a tsunami to sweep into Palu

图35　帕卢(Palu)湾地形示意图（印度尼西亚气象局）。帕卢位于一个狭窄的海湾的尽头，这个海湾长约10km、宽约2km，这种口袋型的地形使得海浪在向城市冲去时破坏力被放大。

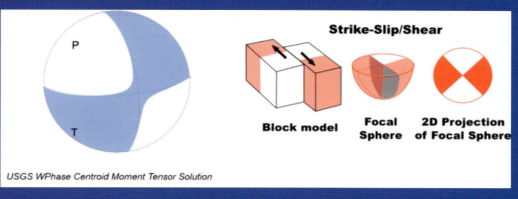

USGS WPhase Centroid Moment Tensor Solution

图36 帕卢地震的震源机制解。帕卢地震发生时，断层的两盘相互水平移动。这种类型的运动很少会产生海啸。只有少数走滑地震发生海啸的例子，而且造成海啸的高度都较小。但帕卢地震是个例外,当海啸袭击帕卢时，海啸达到了5m高，其中一些高达6m。因此，特殊的地形使得帕卢湾受到海啸的破坏更加严重。

图37 在海啸中被毁的Ponulele 桥。Ponulele 桥是帕卢的标志性桥梁，也是印度尼西亚的第一座拱桥。

帕卢是苏拉威西岛的中心城市，处于中苏拉威西省的一个狭长的海湾上，这个海湾长约10km、宽约2km。当海啸袭击这个地区，这种凹槽状的地形将放大波浪冲向城市时的破坏力，这是由于海啸传播到海湾以后，受到浅水效应的影响，潮差增加，波形变化，到达海湾尽头时海水高度达到最大，形成类似我国钱塘江大潮那样的强化效应。当海啸袭击帕卢时，海啸达到了5m高，其中一些高达6m。因此，特殊的地形使得帕卢岛受到海啸的破坏更加严重。

海啸使帕卢和附近地区陷入瘫痪，造成社会秩序混乱。几天后，整个社会恢复了部分功能，而沙土液化造成的重建困难仍然是一个棘手的问题。

失败的海啸预警

9月28日在帕卢以北78km的同一地点发生了两次地震，第一次震级为6.1级，约4小时后再发生7.5级地震。第二次地震引发了海啸。印度尼西亚气象、气候和地球物理局（BMKG，简称气象局）最初在第一次地震发生后发布了海啸警报，但是半个小时之后又取消了警报。原因是潮汐感测器录得的海平面变化"并不显著"，海浪高度被测为6cm，对帕卢不算是巨大海浪。

2004年印度尼西亚海啸给印度洋广大地区造成了严重的灾害，2004年后，印度尼西亚建成了新型的印度洋海啸预警系统，由22个浮标组成的网络连接到海底传感器，一旦海底有异常，印度尼西亚气象和地质物理学署就会发送海啸预警。但这

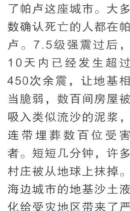

图38　地震和海啸摧毁了帕卢这座城市。大多数确认死亡的人都在帕卢。7.5级强震过后，10天内已经发生超过450次余震，让地基相当脆弱，数百间房屋被吸入类似流沙的泥浆，连带埋葬数百位受害者。短短几分钟，许多村庄被从地球上抹掉。海边城市的地基沙土液化给受灾地区带来了严重的灾害。图为帕卢一个被海啸摧毁的社区。液化导致土壤失去支撑能力，数以百计的建筑倒塌。海啸和地震引起的沙土液化，加剧了灾害的严重程度。

次帕卢市的巨浪高达6m，却没有任何预警传出。原因是大部分设备因为人为盗窃和毁坏已经失去作用，可当局却因为缺乏资金而没有重新置换。

国际海啸预警中心对海洋中的7.8级地震才发布海啸预警的规定，这次在印度尼西亚遭遇到了挑战。在地形特殊的地方，较小地震引起了巨大的海啸灾害，是人们遇到的新问题。帕卢地震和海啸造成了严重的人员伤亡和经济损失。由轻微的走滑型地震引起的毁灭性海啸，让我们重新思考海啸发育的必要条件。在特殊地形条件下，小地震引发大海啸是地球物理学家新的研究方向。我们应该从帕卢海啸吸取教训。

图39　海啸后的混乱。印度尼西亚地震海啸后20万人饱受饥渴之苦，地震发生两天后，警方曾容忍绝望的幸存者从商店里拿走食物和水，之后政府可以给商店予补偿。但局面很快失控，已有数十名盗窃电脑和现金的人被捕。10月3日，食品供应开始恢复，社区执法得到加强。警方变了态度：再发现抢劫，就开枪。（图片来源：企鹅号网站）

图40　2018年12月22日，印尼巽他海峡附近的万丹省遭到海啸袭击，死亡429人，受伤1 400人。这次海啸可能是由"喀拉喀托"火山喷发引起的海底大滑坡造成的。

日本的海啸

2011年3月11日东日本9.1级大地震发生，震中位于仙台市以东的太平洋海域约130km处（142.6°E, 38.1°N），距日本首都东京约373km。此次地震是日本有观测记录以来第一个震级超过9的地震，也是日本历史上规模最大的地震。这次地震使本州岛移动，地球的地轴也因此发生偏移。

地震引起的海啸也是最为严重的，受到海啸袭击的范围，南北长约500km，东西宽约200km，创下日本海啸波源区域最广的记录。加上其引发了一系列灾害及核泄漏事故，导致大规模的地方机能瘫痪和经济活动停止，东北地方部分城市更遭受毁灭性破坏。地震和海啸造成至少约16 000人死亡、2 600人失踪，遭受破坏的房屋约130万栋，为日本"二战"后伤亡最惨重的自然灾害。新闻报道形容是次灾难是对东北三县的"毁灭性打击"。

图42　日本各地观测到的海啸高度。对于日本来说，这次海啸属于近海海啸，对日本海岸的破坏极为严重。灾后调查显示共500km的沿岸地区的海啸波高度超过10m，最大波高达40.1m。（来源：NOAA）

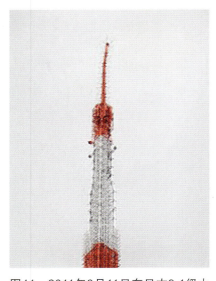

图41　2011年3月11日东日本9.1级大地震是日本有观测记录以来第一个震级超过9的地震，震动极为强烈。距震中约373km外的日本首都东京塔（高度332.6m）的天线都被震歪了。这次地震发生在日本东面的太平洋中，震中附近海底的剧烈的大面积上下运动，使得海中几千米厚的海水发生整体运动，产生了巨大的海啸。

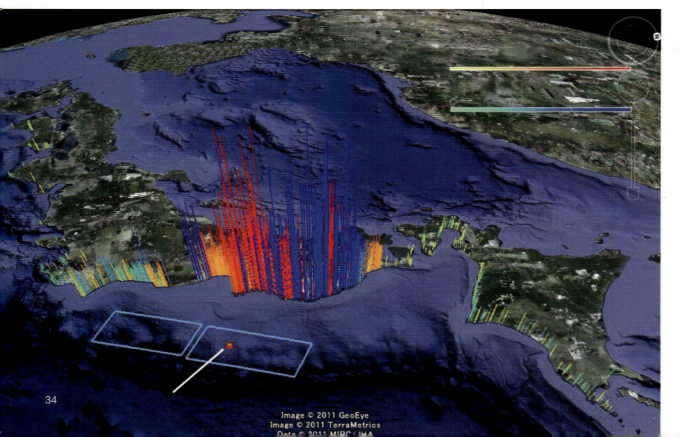

Image © 2011 GeoEye
Image © 2011 TerraMetrics
Data © 2011 MIRC/JHA

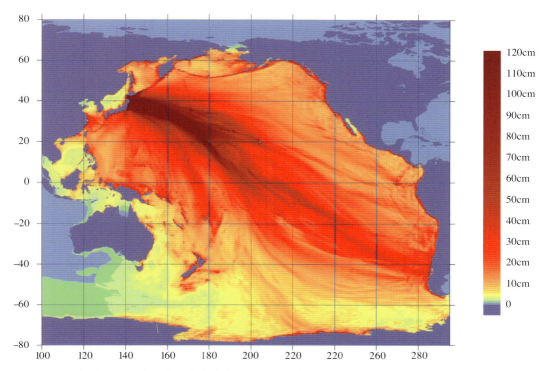

图43 世界各地观测到的这次日本海啸高度。和2004年印度尼西亚海啸十分不同，印度尼西亚的近海海啸和远洋海啸造成的灾害都十分严重。而这次9.1级大地震产生的海啸，近海海啸的灾害非常严重，但对于远离震中的其他国家和地区的远洋海啸产生的灾害，却不严重。到达美国西岸一带的海啸高约1～2.4m，在墨西哥和秘鲁沿海地区也测量到约0.7～1.5m的海啸，传到中国、越南的海啸高度很小，没有造成任何破坏。（来源：NOAA）

图44 海啸后的沿岸地区

36

图45 宫城县一处海岸在海啸袭击前后的情况对比。照片中显示了海啸袭击的严重程度。至少约16 000人死亡、2 600人失踪，约130万栋房屋遭受破坏，是"二战"后日本伤亡最惨重的自然灾害，对东北三县造成"毁灭性打击"。

东北地方人口最多的宫城县，县内沿海城市多遭受海啸袭击。首府仙台市市区在海啸侵袭后造成严重水灾，多数居民被迫撤离。仙台机场跑道大部分被淹，只留下航厦大楼。宫城县的日本航空自卫队松岛基地有18架F-2战斗机、4架T-4教练机、4架UH-60黑鹰直升机等被淹没产生故障，基地中的200名人员失去联系。

图46 海啸时，海水冲上宫城县沿海陆地，首府仙台市市区发生严重水灾，仙台机场只留下航厦大楼。（来源：新华社）

福岛核电站1968年建成于太平洋海边，在地震和海啸作用下发生严重的核泄漏事故。时任日本首相菅直人处理福岛核能电厂事故失当，导致福岛核灾发生，民意支持率大跌。在野党于2011年6月2日发起倒阁案，虽然倒阁案失败，但也使菅直人领导的民主党在之后的选举中接连败北，而曾经一度失去政权的日本自民党再度回归政坛核心。

　　3月16日，已鲜少露面的日本明仁天皇罕见地通过电视发表公开演说，对于日本受灾民众在这次重大灾难中所表现出的冷静给予充分的肯定。天皇主动要求全部皇室人员配合政府限电措施，能不要用电就不要用，尽量将资源留给受灾民众。天皇在重大灾难后发表电视演说，这在日本历史上是首次。1995年阪神大地震后，明仁天皇仅以书面声明的形式鼓励日本民众。

　　日本政府于2011年8月7日凌晨宣布，自2012年起将每年的3月11日定为"国家灾难防治日"。

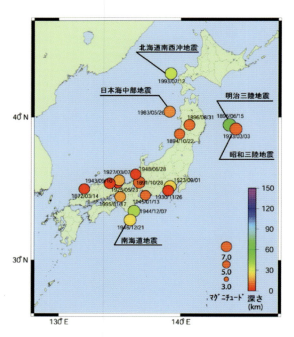

图47　太平洋是孕育地震海啸的"温床"，全球70%的地震分布在环太平洋地震带。在这个特殊的地震圈里，靠近太平洋俯冲带的日本最容易受到海啸的侵扰。从公元684—1983年间，日本共发生62次损失严重的海啸。其中最著名的是1896年的"明治海啸"和1933年的"昭和海啸"。
（来源：日本气象厅）

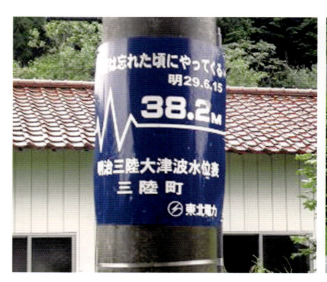

图48　左：在岩手县记录到了明治时代以来最高的海啸水位，高达38.2m。右：两处白色标识中，上面的为明治三陆海啸的海啸高度（1896年），下面的为昭和三陆海啸的海啸高度（1933年）。
［来源：日本防灾教育研究所（http://www.bo-sai.co.jp）］

日本是全世界最容易受到海啸袭击的国家。1896年6月15日，明治29年，日本东部发生了8.5级大地震，随后地震引发了大海啸。30分钟后，海啸到达沿岸，冲击了歌津、三陆、宫古、田野烟等市县。三陆町绫里记录到了明治时代以来最高的海啸水位，高达38.2m，同时夏威夷也记录海浪为2.5～9m。这次地震造成21 909人死亡，房屋损失8 526栋，倒塌1 844栋，船舶损失5 720艘。日本历史上称这次海啸为"明治海啸"，与"明治维新"齐名。

1933年3月3日，在明治三陆地震震中附近再次发生8.1级大地震，不过和上次不同的是，这次地震类型是正断层引起的，而明治地震的类型是逆断层。这次地震造成3 064人死亡，流失船只7 303只，房屋损坏4 972栋。

■ 中国的海啸

中国处于太平洋的西部，有很长的海岸线，中国受海啸的影响大不大？中国的海啸灾害严重不严重？我们先来看看中国的近海产生海啸的可能性。

中国的近海，渤海平均深度约为20m，黄海平均深度约为40m，东海约为340m，它们的深度都不大，只有南海平均深度为1 200m。因此，对比海啸产生的三个条件：深海、大地震、开阔逐渐变浅的海岸条件，分析得出，中国大部分海域地震产生本地海啸的可能性比较小，只有在南海和东海的个别地方发生特大地震，才有可能产生海啸。

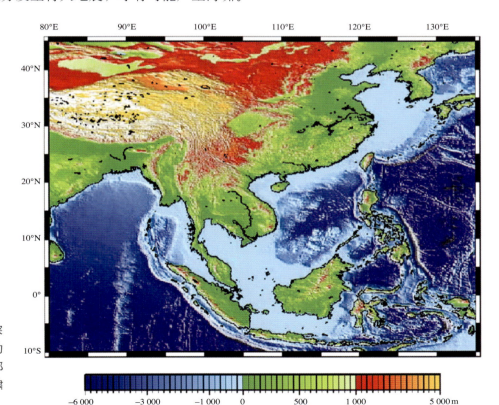

图49 中国的近海海洋深度并不大，从海啸产生的三个条件来看，中国大部分海域地震产生本地海啸的可能性较小。

再来看看太平洋地震产生的远洋海啸对中国海岸的影响。亚洲东部有一系列的岛弧，从北往南有勘察加半岛、千岛群岛、日本列岛、琉球群岛，直到菲律宾。这一系列的天然岛弧屏蔽了中国的大部分海岸线；另一方面，中国的海域大部分是浅水大陆架地带，向外延伸远，海底地形平缓而开阔，不像被印度尼西亚地震海啸影响的许多地区那样，海底逐渐由深变浅，中间没有一个平缓的缓冲带。因此，中国受太平洋方向来的海啸袭击的可能性不大。1960年，智利大地震产生地震海啸，对菲律宾、日本等地造成巨大的灾害，但传到中国的东海，在上海附近的吴淞验潮站，浪高只有15～20cm，没有造成灾害。2018年印度尼西亚苏拉威西地震海啸，海南岛三亚验潮站记录的海啸浪高只有8cm。

中国历史上曾有过海啸的灾害记录，最严重的一次发生在1781年，还有1867年台湾基隆北海中发生的7级地震引起了海啸的记载。然历史记录中虽有多次"海水溢"的现象，但经常将海啸与风暴潮相混，历史记录中的"海水溢"现象，大部分多是风暴潮引起的近海海面变化，而不是海啸。值得指出的是，1604年福建泉州海域发生7.5级地震，1918年广东南澳近海发生7.3级地震，都是发生在海洋中的大地震，都没有产生海啸。全世界发生在海洋中的地震，只有一小部分产生海啸。

自然灾害中经常要谈到风暴潮，风暴潮在海面上运动时，伴随着狂风、暴雨和巨浪，冲到陆地后，仍然保持着狂风和暴雨。但它与海啸很不相同。尽管风暴潮和海啸都会造成海水的剧烈运动，风暴潮是由海面大气运动引起的，而海啸是由海底升降运动造成的，前者主要是海水表面的运动，而后者是海水整体的运动。它们的不同性质，决定了在认识灾害和减轻灾害方面的作法也不同。

海啸与海浪和风暴潮的不同

（1）成因不同，风暴潮是由海面大气运动引起的，而海啸是由海底升降运动造成的，前者主要是海水表面的运动，而后者是海水整体的运动。

（2）波长不同，海啸的波长长达几百千米，而风暴潮的周长不到1km。和海水的平均深度（几千米）相比，海啸波长比海水大，水深达数千米的海洋，对于波长几百千米的海啸，犹如一池浅水，所以海啸波是一种"浅水波"；而风暴潮波长比海水的深度小得多，所以是一种"深水波"。

（3）传播速度不同，海啸传播速度快，每小时可达700～900km，这正是越洋波音747飞机的速度，而水面波传播速度较慢，风暴潮要快一点，最快的台风速度也只有200km/h左右，比起海啸还是要慢得多。

（4）激发的难易程度不同，海浪或风暴潮很容易被风或风暴所激发，而海啸是由海底地震产生的，只有少数的大地震，在极其特殊的条件下才能激发起灾害性的大海啸。有风和风暴，必有风暴潮；而有大地震，未必一定产生海啸，大约10个地震中只有1～2个能够产生海啸。尽管只有极少数地震能够产生海啸已经有了不少解释，但至今，这还是一个不断研究的问题。

台湾位于环太平洋地震带，地震多发生在台湾东部海域，但东部海底急速陡降，不利于从东方传来的海啸波浪的能量积累，形成巨浪，即使远距大海啸也难以成灾，比如1960年的智利大地震引发的海啸虽跨越太平洋在夏威夷及日本造成重大灾情，但台湾没有受到影响。台湾北部和西部如果在海底浅处发生近源大地震则可能造成海啸灾害，如1867年在基隆北部的海中发生7级地震引起海啸，有数百人死亡或受伤。资料记载此次海啸影响到了长江口的水位，江面先下降135cm，然后上升了165cm，因此这次海啸当无疑问。此外，还有许多疑似海啸记载，最严重的一次发生在1781年的高雄，根据徐泓所编的《清代台湾天然灾害史料汇编》记载："乾隆四十六年四、五月间，时甚晴霁，忽海水暴吼如雷，巨涌排空，水涨数十丈，近村人居被淹……不数刻，水暴退……"。据载这次台湾海峡地震海啸淹没了120km长的海岸线，共死亡50 000余人。但中国史料并未记载这次事件是否伴随地震发生，此外福建、广东两省也未见对这件大事的记载，尚有待史学家进一步查证。

总之，由于海底地形的特点，台湾受远洋海啸影响不大，而像1867年基隆北部海中发生7级地震引起近海海啸，若类似地震再次发生，将对台湾带来重大灾害。近距离海底地震造成的海啸是台湾面临的主要威胁。

虽然中国的海岸受海啸的影响不大，但中国东部的海岸地区地势较低，许多地区特别是许多经济发达的沿海大城市只高出海平面几米，受海浪的浪高影响极大。从成灾的角度来看，小海啸大灾难的情况完全是有可能的，绝不可以掉以轻心。一定要有忧患意识，做好灾害预防工作。

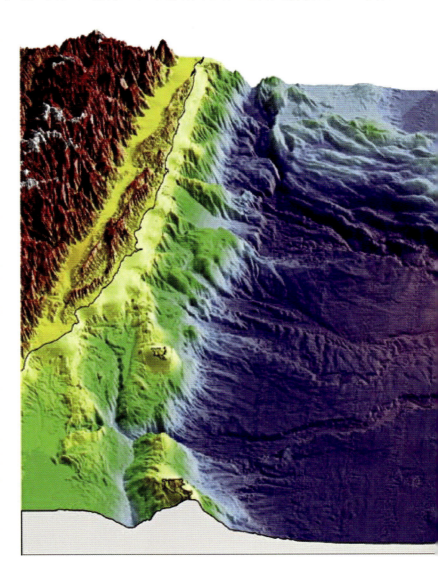

图50 台湾东部海域陡峭的海岸地形，不利于远震海啸波浪的堆积。但是台湾东部的堆积物形成不稳定的斜坡，一旦发生大规模海底山崩，很有可能引发致灾的海啸。（来源：Lo, et al., 1997）

减轻海啸灾害

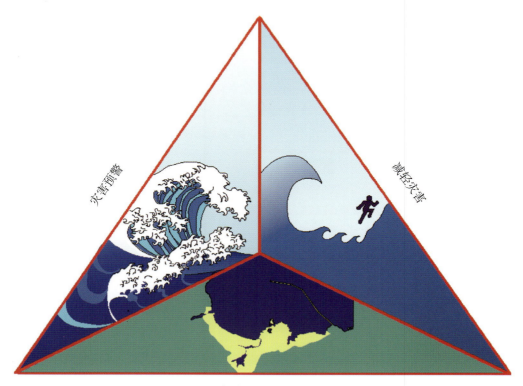

海啸灾害的评估

图51　减轻海啸灾害主要有三个途径：海啸灾害的预测（Hazard Assessment），早期预警（Warning Guidance），发生灾害后力争把灾害减到最小（Mitigation）。

■ 海啸灾害的预测

　　为了减轻海啸灾害，我们最关心的问题是：哪些地方会受到海啸灾害的袭击，灾害多大？多少年一次，频度如何？知道了这些，就可以有的放矢地进行灾害的预防。这通常叫做灾害的区域划分，也叫做灾害的预测。

　　海岸地区海啸灾害的大小，主要受海底地貌和陆地地形的影响，如果海水水深由海洋向陆地减少得很快，而且海岸陆地平坦且海拔很低，即使是不大的海啸波，也容易形成大的海啸灾害。因此，在沿海进行建设时，尽量避开这些地方。如果已进行了建设，则要采取必要的预防措施。

　　海啸的灾害区划，有全球尺度的，有国家尺度的，也有一个城市或一个地区的较小尺度的。

图52 城市一个区域的海啸灾害区划：暗红颜色的地区是易受灾地区(Visualization of tsunami impact for Fiji Prime Minister)。

（来源：Jim Buika, Pacific Disaster Center，2005年1月25日在中国-亚洲地震海啸研讨会上的演讲，北京）

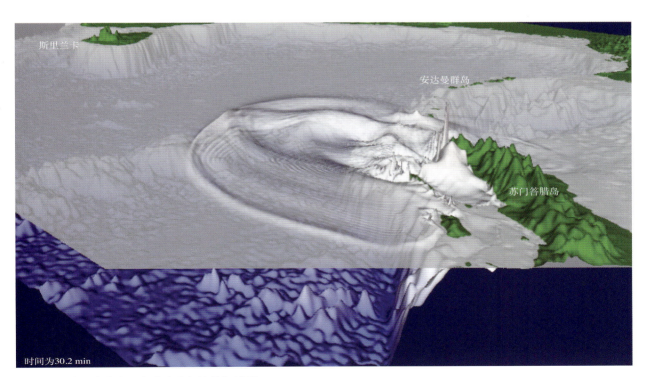

图53 对苏门答腊地震海啸波进行计算机模拟。
[来源：USGS（http://walrus.wr.usgs.gov/tsunami/sumatraEQ/]

■ 海啸早期预警系统

海啸是向外传播的，因此，知道了海中发生地震的地点，或知道了某处已实际测得了海啸的发生，则可以利用海啸需要时间传播来及时向其他地方发出海啸警报。例如，智利附近地震产生的海啸向外传播，传到夏威夷需要12个小时，传到日本则需要22个小时。

利用海啸不断从发源地向外的道理，1965年，26个国家和地区进行合作，在夏威夷建立了太平洋海啸警报中心（The Pacific Tsunami Warning Center，PTWC），许多国家还建立了类似的国家海啸警报中心。一旦从地震台和国际地震中心得知海洋中发生地震的消息，PTWC就可以计算出海啸到达太平洋各地的时间，发出警报。中国于1983年加入了太平洋海啸警报中心，对于来自太平洋方面的海啸，我们是有防备的。

建立海啸预警系统的科学依据有两个：第一，地震波比海啸波跑得快。地震波大约每小时传播3万千米（每秒约6~8km），而海啸波每小时传播几百千米。如果智利发生地震并引起了海啸，智利地震的地震波传到上海用不了1个小时，其产生的海啸波传到上海则需要23个小时。这样，根据地震台上接收的地震波，我们不但知道智利发生了大地震，而且知道二十几个小时后海啸波才会到达。第二，海啸波在海洋中传播时，其波长很长，会引起大面积海水水面的升高（台风也会造成海面出现大波浪，但面积远远不及海啸），如果在大洋中建立一系列的观测海水水面的验潮站，就能够知道有没有发生海啸、其传播的方向如何等关键问题。

值得指出的是，海啸的产生是个复杂的问题，有的地震会造成海啸，而大部分海洋中的地震不产生海啸，因此，经常发生虚报的情况。例如，1948年，檀香山收到了警报，采取了紧急行动，全部居民撤离了

沿岸，结果，根本没有海啸发生，为紧急行动付出了3 000万美元的代价。1986年又发生了一次假警报，损失同样巨大。从1948年到1996年，太平洋海啸预警中心在夏威夷一共发布20次海啸警报，其中15次是虚假警报，实际上并没有发生海啸，5次是真警报。从夏威夷的预警来看，虚报的比例大约有75%。近几年，随着历史资料的深入分析和数值模拟技术的发

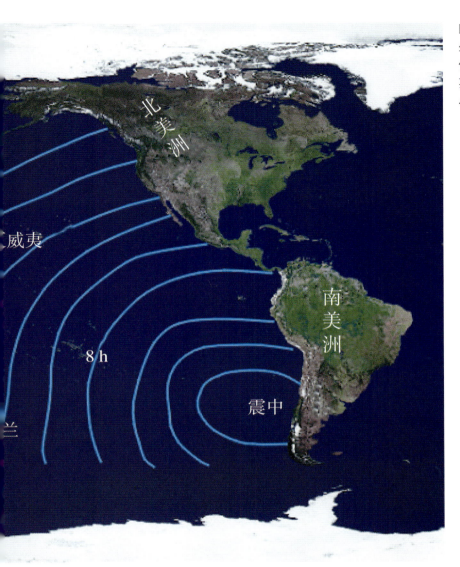

北美洲

南美洲

威夷

8 h

兰

震中

图54 智利附近地震产生的海啸向外传播，传到各地所需时间不同。例如，智利地震海啸传到夏威夷需要12个小时，传到日本则需要22个小时。

图55 太平洋海啸警报中心（The Pacific Tsunami Warning Center，PTWC）1949年建于夏威夷，主要提供太平洋地区的海啸预警服务。

展，虚报比例有所下降。当前，有关海啸早期预警的工作主要集中在下面4个方面：海啸产生机理的研究；相关的数学模型；安装多个深海海底地震仪（OBS）组成的监测系统；预警信息的快速发布。

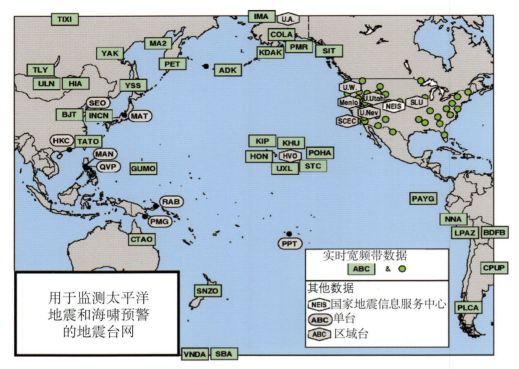

图56　太平洋周围建立的监测地震发生的地震台网。太平洋海底发生的任何大地震都能被这个台网监测到，并通过无线电通知沿岸的所有国家和地区。

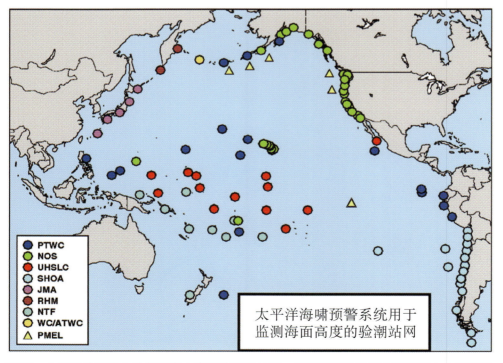

图57　太平洋地区建立的监测海水高度的验潮站网。连续不断地监测大面积海水水面的变化，用以了解海啸的产生和传播。

印度洋海啸后不久，2005年1月13日联合国秘书长安南在路易港举行的小岛屿国家会议上呼吁，建立一个全球灾害预警系统，以防范海啸、风暴潮和龙卷风等自然灾害。安南说，这场海啸的悲剧再次告诉人们，必须做好预防和预警。他说："我们需要建立一个全球预警系统，范围不仅包括海啸，还包括其他一切威胁，如风暴潮和龙卷风。在开展这项工作时，世界任何一个地区都不应该遭到忽视。"

安南还说，这场海啸造成的悲剧让人们深感震惊和无奈之余，"也让我们看到了一种大自然无法消灭的东西：人类的意志，具体而言，就是同心协力重建家园的决心"。联合国教科文组织11日在小岛屿国家会议上宣布将与世界气象组织合作，共同建立一个全球性海啸预警系统，因为仅仅在印度洋建立预警系统并不够，地中海、加勒比海与太平洋西南部都面临着海啸的威胁。预警系统只有是全球性的，才能真正有效。

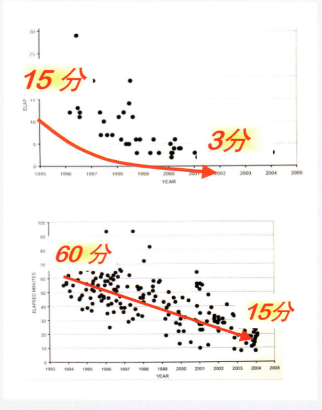

图58　随着人们对海啸认识水平的提高和更加重视，海啸预警的反应时间正在变短，美国从原来的15分钟减少为3分钟，世界平均从原来的60分钟减少为15分钟。

印度洋海啸造成的严重灾害，使人们对预警系统有了新的认识：

- 建立全球的预警系统比建立各国和区域的预警系统更有效和更经济；
- 由于海啸发生频率很小，建立综合的各灾种的综合性预警系统更合理；
- 预警系统应采用最先进的技术；
- 预警系统不是万能的，本地海啸的预警比远洋海啸要困难得多。因此，为了最大限度减轻灾害，除预警系统外，一定不要忽视灾害的预防和救援。

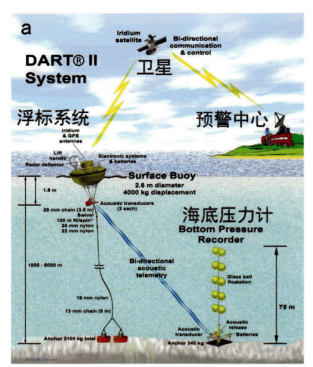

图59 DART（深海海啸评估和预报）浮标示意图，由4部分组成：海底压力计，浮标系统，卫星，预警中心。

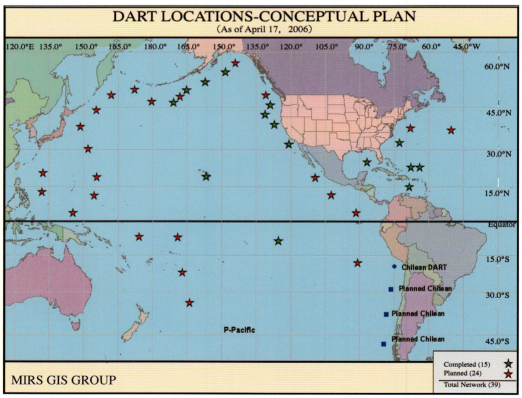

图60 2006年前，太平洋地区（包括加勒比海）共有25个DART（深海海啸评估和预报）浮标（绿色五角星）安置在海洋的关键区域，它将联合海底仪器和卫星系统来监测和预报海啸。2008年印度尼西亚海啸又建成了14个DART(红色五角星)。印度洋的DART正在建设中。（来源：NOAA）

■ 把海啸灾害减到最小

掌握海啸的科学知识对于减轻海啸灾害是非常重要的。例如，当深海海底发生大地震时，地震断层的上盘向上运动，下盘向下运动，这就是通常说的逆冲断层。海面上会形成巨大的波浪，下盘上方的波峰向远离断层的方向传播，而上盘上方的波谷向远离断层的另一个方向传播。在图中的A点，海啸以巨大的高度扑向海岸；而在B点，海啸的到来表现为近岸处海水大规模的倒退。2004年印度尼西亚地震海啸在泰国沿海造成巨大灾害，其情况和B点是一模一样的。在泰国，人们首先见到的海水的大规模减退，露出了岸边海底的许多小鱼和贝壳，海边的游客以为遇到了难得的机会，纷纷下海，没有人想到，这就是海啸。20分钟后，十几米的巨浪迅速席卷海岸，无情地吞噬了在海边捡小鱼和贝壳的许多游客。

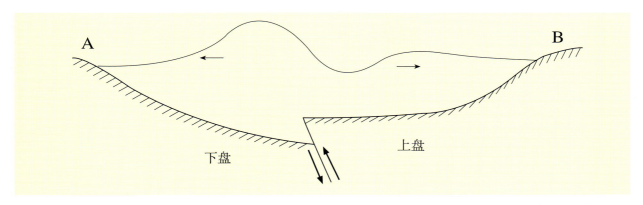

图 61　海底地震引发的海啸波，沿和地震断层垂直的两个方向传播。在海啸波波峰传播方向，海啸波到达表现为巨高的波浪冲击岸边；而在海啸波波谷传播方向，海啸波到达表现为大规模海水从岸边退潮，然后再以巨高的波浪冲击海岸。

与经常性的海啸知识的宣传和教育一样，有效的减灾行动必须开展于灾害到来之前。社会团体和各级政府应该有应急预案，社会公众要有防灾意识，国际社会要加强合作，只有这样，才能最大限度地减轻灾害。

特别要指出的是，海啸灾害是一种小概率的灾害，对于世界上许多地方，这种灾害的发生是几十年一遇，甚至几百年一遇的，做到常备不懈是不容易的。有人说："天灾总是在人们将其淡忘时来临"，还有人说："最重要的、也是最大的经验教训就是——没有能够认真地汲取经验教训！"

图62 国际通用的表示海啸的图标。

图63 国外预防海啸的宣传画"当海啸来时，赶快跑到高地上"。

思考题

1. 海啸的传播与普通的水波传播有何不同，海啸波的波长、形状和周期通常有多大？

2. 当水波从深水区进入浅水区时会发生什么变化？

3. 海啸的产生必须具备哪些条件？

4. 海啸具有多大的能量？它的等级是如何测定的？它巨大的破坏性力量主要来源于哪里？

5. 海啸最容易发生的地区在哪里？为什么？

6. 中国近海最有可能发生海啸的地区在哪里？

7. 为什么2004年印度洋海啸造成的人员伤亡这么惨重，人们通常会对海啸有哪些误解因而造成了海啸中的遇难？

与海啸有关的网站

http://marine.usgs.gov

http://pubs.usgs.gov/circ/c1075

http://walrus.wr.usgs.gov/hazards/erosion.html

http://www.unesco.org/csi

http://www.seagrant.wisc.edu/communications/lakelevels

http://www.prh.noaa.gov/itic（太平洋海啸预警中心）

致谢

中国地震局震害防御司、中国地震局发展研究中心、中国地震局科学技术委员会、地震出版社在创作和出版过程中给予了多方帮助和大力支持，作者对此表示衷心的感谢！